小小夢想家貼紙遊戲書

消防員

新雅文化事業有限公司
www.sunya.com.hk

小小夢想家貼紙遊戲書

消防員

編　　寫：新雅編輯室
插　　圖：李成宇、麻生圭
內文插圖：李成宇
責任編輯：劉慧燕
美術設計：李成宇
出　　版：新雅文化事業有限公司
香港英皇道 499 號北角工業大廈 18 樓
電話：(852) 2138 7998
傳真：(852) 2597 4003
網址：http://www.sunya.com.hk
電郵：marketing@sunya.com.hk
發　　行：香港聯合書刊物流有限公司
香港荃灣德士古道 220-248 號荃灣工業中心 16 樓
電話：(852) 2150 2100
傳真：(852) 2407 3062
電郵：info@suplogistics.com.hk
印　　刷：中華商務彩色印刷有限公司
香港新界大埔汀麗路 36 號
版　　次：二〇一五年一月初版
二〇二四年九月第十次印刷

ISBN: 978-962-08-6223-6

18/F, North Point Industrial Building, 499 King's Road, Hong Kong
Published in Hong Kong SAR, China
Printed in China

小小夢想家，你好！我是一位消防員。你想知道消防員的工作是怎樣的嗎？請你玩玩後面的小遊戲，便會知道了。

消防員小檔案

工作地點：消防局、災難現場

主要職責：滅火救人、防火安全巡查

性格特點：勇敢、冷靜、重視團隊精神

消防員上班了

做得好！

　　消防員要到消防局上班了！請從貼紙頁中選出貼紙貼在下面適當位置。

消防員的工作

消防員隨時要準備出動工作。下面哪些事情是消防員的工作呢？請在正確的☐內貼上貼紙。

1.

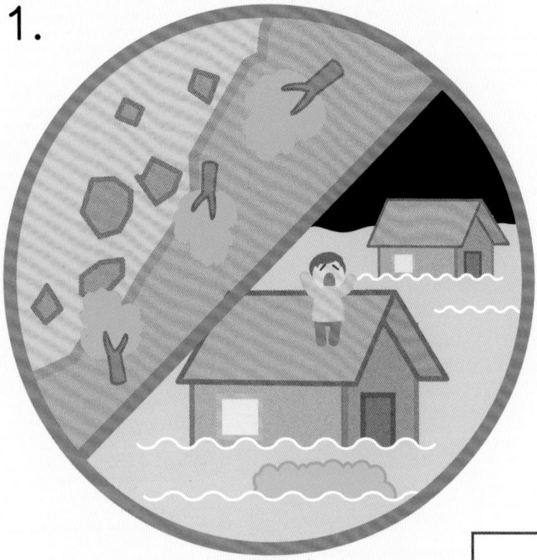

水浸及山泥傾瀉救援 ☐

2.

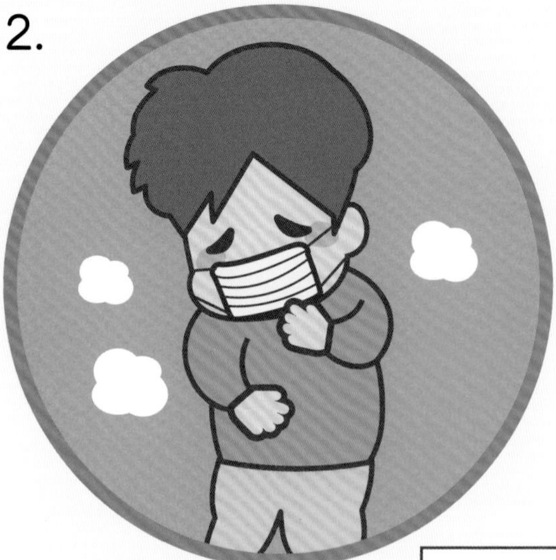

為病人診症 ☐

3.

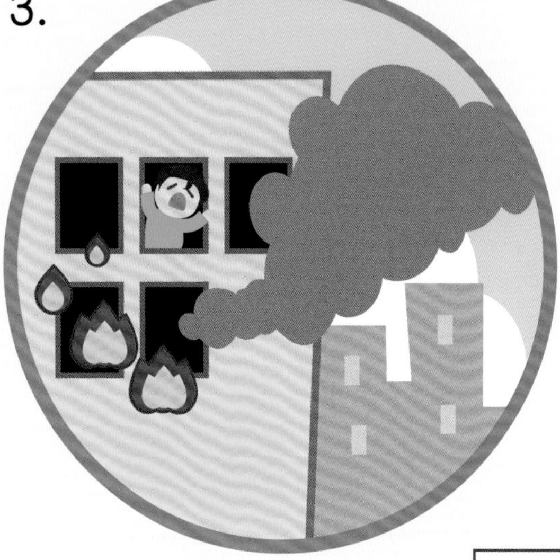

撲滅火災 ☐

4.

拯救被困升降機內的市民 ☐

5.

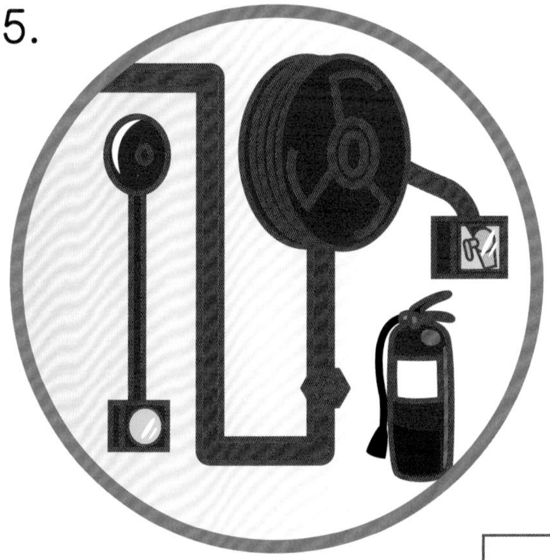

巡查樓宇，確保
消防設備妥善

6.

進行山上和
海上搜救

7.

追捕劫匪

市民如遇緊急
情況可致電
999 求助，但
千萬不能亂打
濫用啊！

消防員的裝備

消防員回到消防局後，要先檢查自己的裝備。下面有 4 樣東西不是消防員需要的裝備，請你把正確的裝備貼紙貼在它們上面。

消防員出動了

做得好！

消防員要出動滅火了！請你順着數字由 1 連到 30，看看消防員乘坐什麼出發到火場吧！你還可以為圖畫填上顏色呢。

火災現場

到達火災現場了，消防員馬上進行滅火救人的工作。請從貼紙頁中選出貼紙貼在下面適當位置。

做得好！

滅火的工具

做得好！

以下哪些工具可以用來滅火？請在 ☐ 內加 ✓；不可以的，請加 ✗。

1.

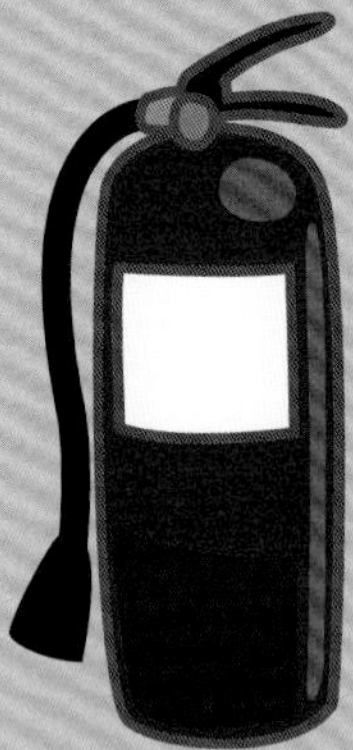

2.

water

3.

4.

5.

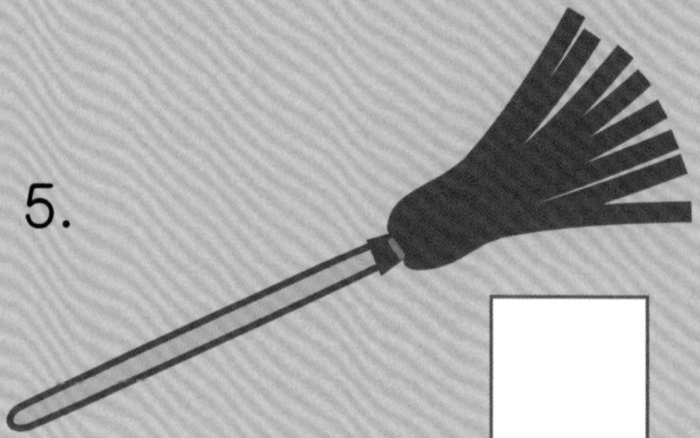

6.

NEWS

小朋友，謹記
漏電引起的火
焰千萬不要用
水去撲滅啊！

消防喉轆

　　消防喉轆正確的使用程序是怎樣的呢？請看看下面的使用步驟，把相應的貼紙貼在虛線框內。

做得好！
大廈後樓梯常見到消防喉轆，如遇上火警可用作滅火。

當發生火警時……

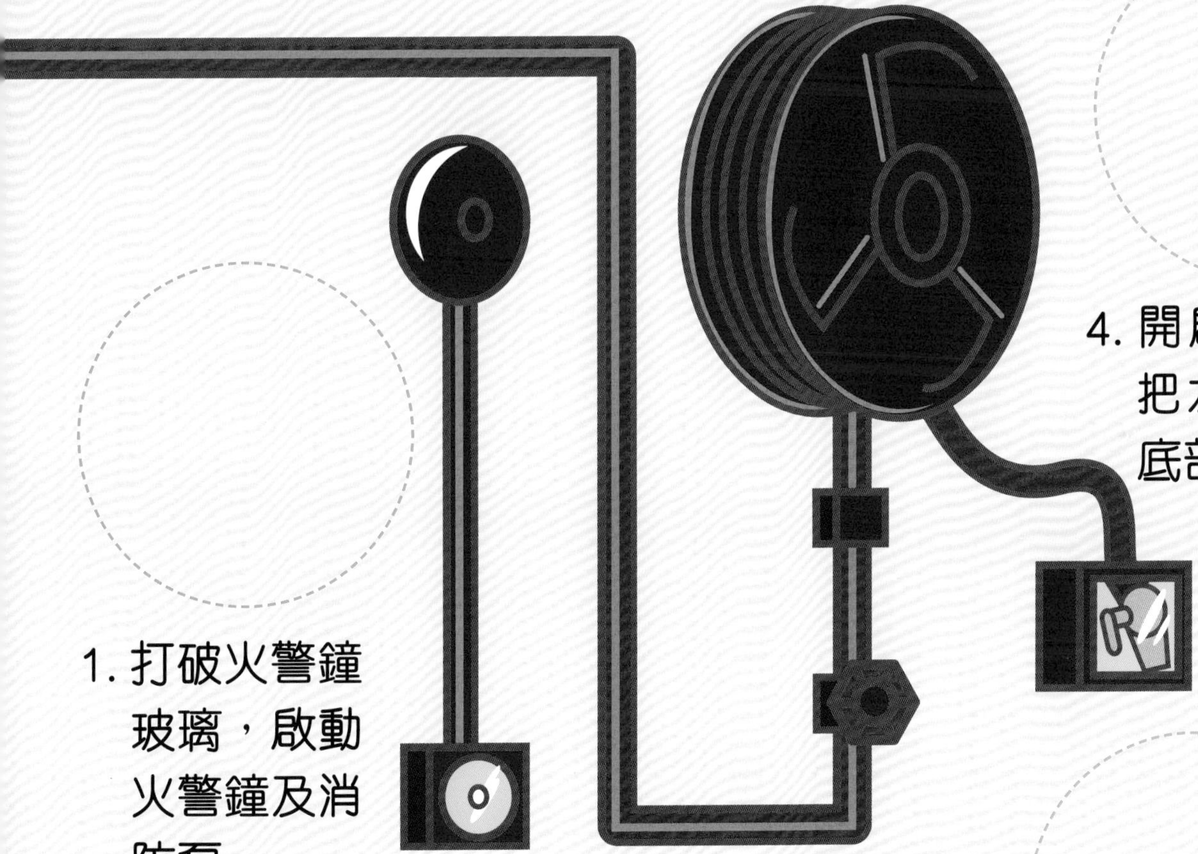

1. 打破火警鐘玻璃，啟動火警鐘及消防泵。
2. 開啟來水掣。
3. 打破喉咀箱玻璃，拉出膠水管。
4. 開啟喉咀掣，把水射向火源底部。

火警逃生及防火安全須知

做得好！

消防員向我們講解有關火警逃生及防火安全知識。請你根據文字，把相應的貼紙貼在虛線框內。

火警逃生須知

防煙門應保持關閉，
但不可鎖上

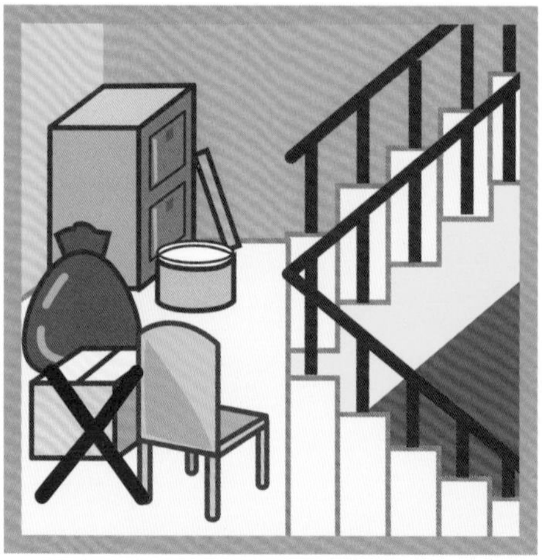

走火通道保持暢通

逃生時要帶備「逃生三寶」：
手提電話、門匙、濕毛巾

防火安全須知

不亂開煮食爐，
嗅到氣體異味要警覺

不隨意玩火

電插座不可同時插太多插頭，
以免超出負荷

郊野公園

有些遊人在郊野公園裏留下了小火苗，消防員要及時把它們撲滅，避免山火發生。請你幫他把貼紙貼在小火苗上吧！

郊野公園
Country park

有山火啊！

做得好！

有山火啊！有幾個小朋友被困在山上，請你畫出路線，引領消防員走到山上拯救他們吧！

車禍事故現場

不好了！有三宗交通意外同時發生，三輛消防車要出動救人。請完成下面的「畫鬼腳」遊戲，看看它們分別要到哪個事故現場進行救援，把消防車的代表字母填在 ◯ 內。

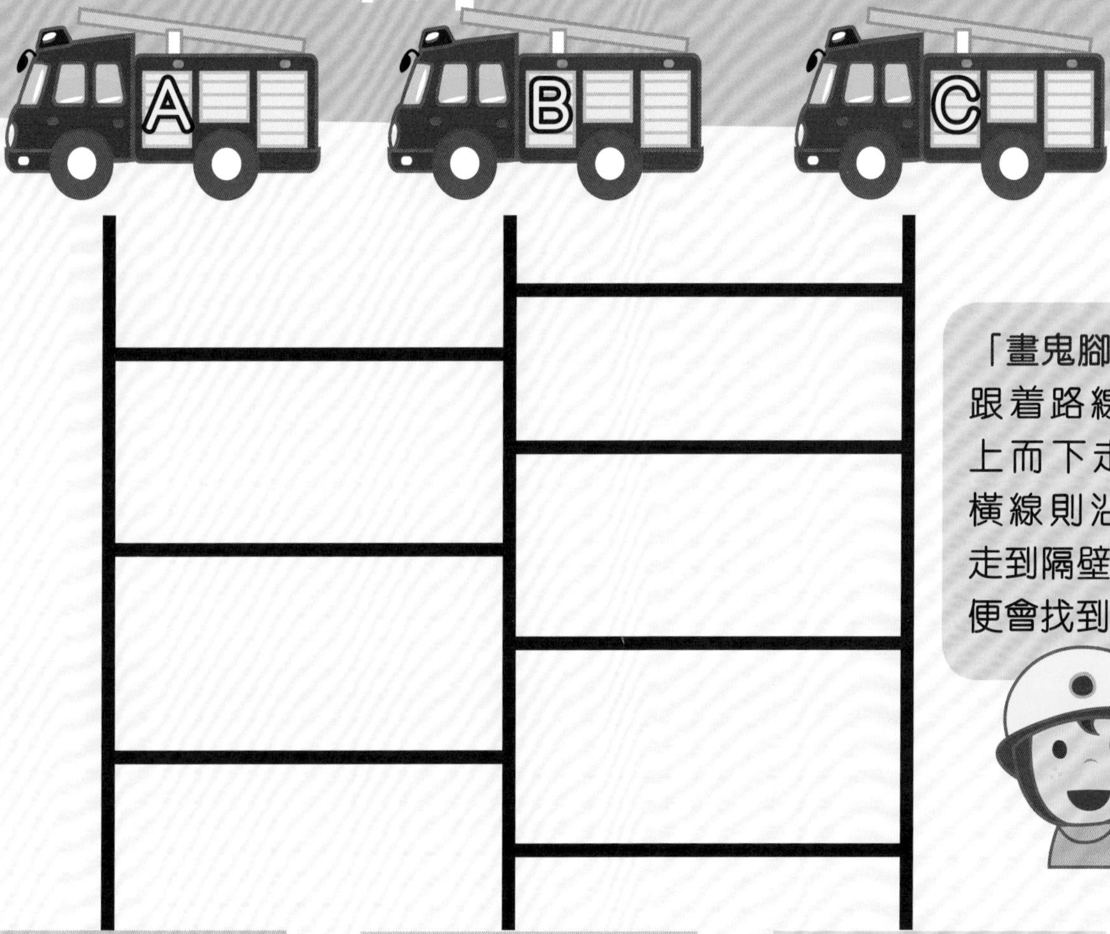

「畫鬼腳」玩法：
跟着路線起點由上而下走，遇到橫線則沿着橫線走到隔壁的縱線，便會找到答案！

1.

2.

3.

海上搜救行動

海上發生沉船意外，有些人掉到海裏，要消防處的蛙人出動把他們救起來！請你用⭕貼紙，把在海裏等待救援的人通通圈起來吧。

救救小貓

做得好！

消防員除了救人外，還負責拯救被困的小動物。一隻小貓被困在簷篷下不來，消防員來救牠。請你把下面圖畫的代表字母，按事情發生的正確順序填在 □ 內。

A.

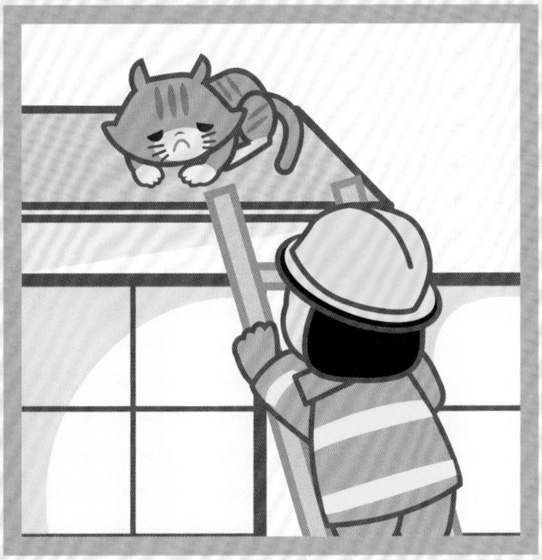

B.

C.

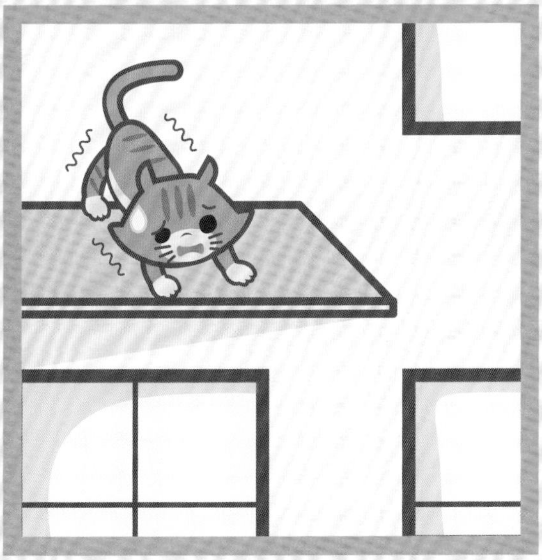

D.

□ → □ → □ → □

參考答案

P.6 - P.7　1, 3, 4, 5, 6

P.8

P.9

P.12　1.✓　2.✓　3.✗　4.✗
5.✓　6.✗

P.13

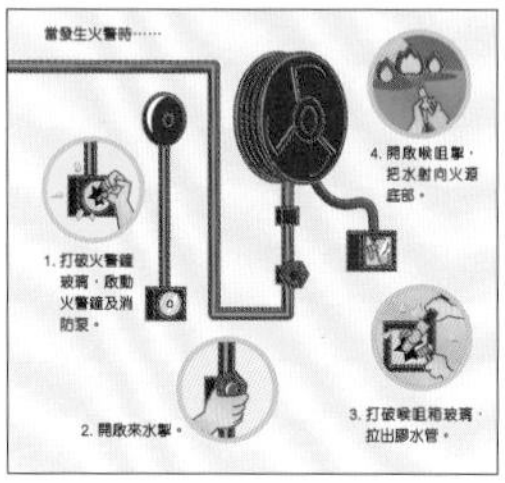

P.14 - P.15

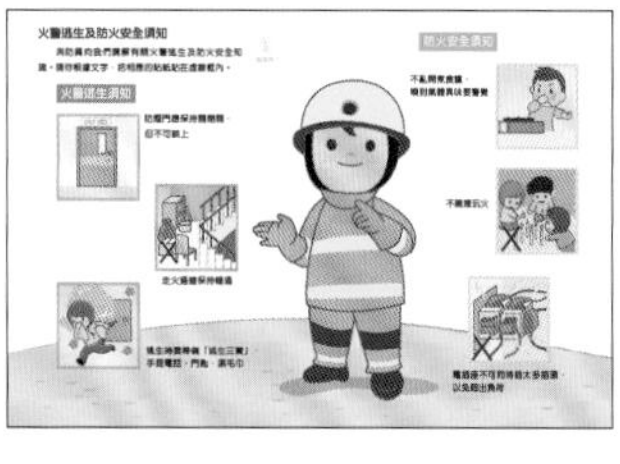

P.16 - P.17

P.18

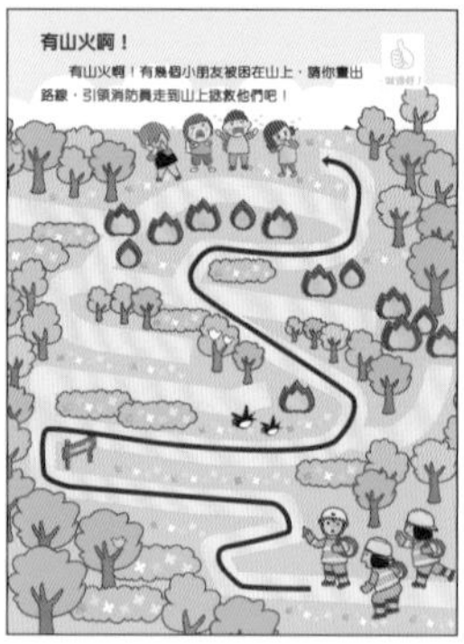

P.19　1. A　2. C　3. B

P.20

P.21　D → C → A → B

Certificate

恭喜你！

__________________（姓名）完成了

小小夢想家貼紙遊戲書：

消防員

如果你長大以後也想當消防員，

就要繼續努力學習啊！

家長簽署：__________________

頒發日期：__________________